目次

關於封面
本期的封面因為無法使用日本原封面圖檔，改由台灣的編輯團隊製作。
到建國花市拍攝長壽梅時，攤位的另一邊擺的是圓圓可愛的苔球植物。翠綠色的苔球本身生氣勃勃，也讓植物長得健康，充滿生命力的樣子，正適合新的一年的開始。
拍攝這張照片的是首次合作的攝影師王耀賢。

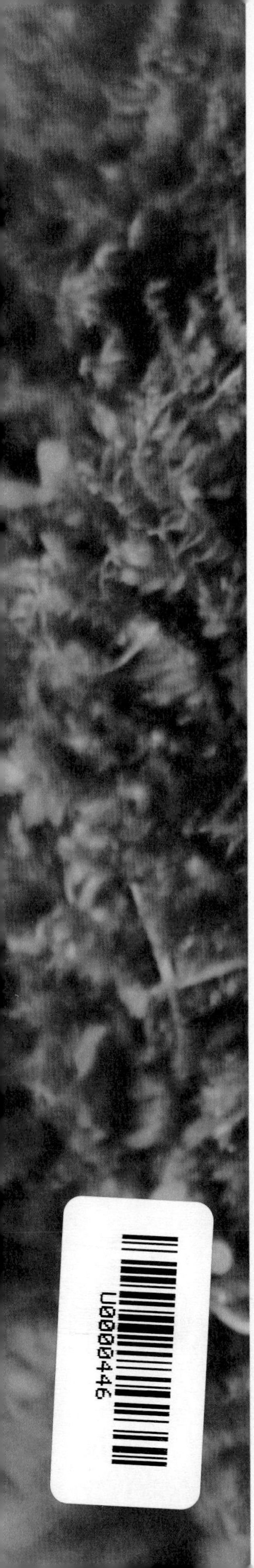

特集

開始種植無農藥、無化肥蔬菜 石毛惠美的每一天

在東京土生土長的石毛惠美為了種植無農藥、無化肥的蔬菜，步入40歲後，一個人搬到山梨的北杜市。在某個初冬之際，認識二十年的老友石田千，前來拜訪她的農田。

攝影—廣瀨貴子　翻譯—蘇文淑

以南阿爾卑斯山脈為背景的石毛惠美（右）與石田千（左）。

偶爾有猴子出沒的初冬田地，種了些看起來都很健康的小松菜、白菜跟菠菜等。
下面一張照片是12月時寄來的備註。

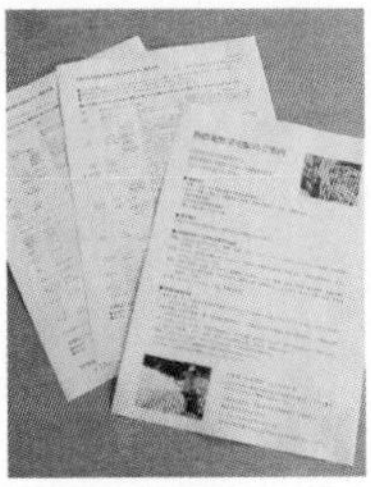

「我收到石毛小姐種的無農藥、無化肥蔬菜，有各式各樣的種類，真是太開心了！」

我一接到朋友美智子的電話後，立刻手拿著數位相機跑去她家，當場央求她也把我加進宅配名單裡。

這些每個月一次從山梨寄來的紙箱中，放了大約十來樣蔬菜，每一種都用報紙細心地包起，有些我是第一次看到，連蕪菁也是有大有小、有紅有綠，共四種種類。

蔬菜長得大小不一，有的甚至還歪歪扭扭，一些葉子上還留下了蟲蛀的痕跡，這一切都可見這些蔬菜並沒有灑農藥。一刀切下紅蘿蔔，立刻聞到令人懷念的紅蘿蔔味。

箱子裡還附上一張解釋每種蔬菜的種類跟煮法的說明書，傳達出屬於女性獨有的細膩及熟知都會生活情況的體貼心意。

石毛惠美改行務農將邁入第二個春天。她在賀年卡上聊了一些上一個產期可以改進的地方及一些想法。看來進入春天後，就能引頸企盼即將寄到家的蔬菜了。

田裡有豹，也有蚱蜢。

石田千

被時鐘追著跑，不願多花小工夫。雙手抱胸，頭怎麼也不點。我已然站在這四十歲的十字路口，卻依然扭扭捏捏，意識到自己喉頭上像扎了根魚骨般刺痛。

低頭抱著膝蓋的時候，我就想搭上橘色電車。從電車的終點、再往前一點的地方，去見那個人。不知道他是不是聽到我的心聲了，一大早便收到了他寄來的一箱東西。

石毛惠美跟我已經認識二十年以上，我們一同旅行、互相到對方家中拜訪，她還教過我裁縫。這位關係緊密的朋友辭掉工作、跑到山梨的另一頭去認真耕耘之前就租借的田地，已經快要一年了。當初她還在東京時，就從市民農園開始，到附近的農家幫忙，可是真的說要獨闖農業的時候，朋友們還是擔心得不得了。我們幫她辦了個士氣激勵會，席間有朋友提議：「要不試試看網購宅配服務？」

她每個月送來兩次的蔬菜總是一樣樣仔細洗好，再用報紙團團包起。她知道東京的廚房裡不方便清洗泥土，所以乾脆幫我把這些也做好。箱子裡還附上註明每樣蔬菜原產地跟煮法的說明書，同時也不忘用那一手好字叮嚀幾句：「今年剛出的花椰菜這陣子最豐碩好吃，多吃一點！」另外附上的，還有一些少見的小菜葉跟香草。石毛旅行的時候總會找一些當地特產的蔬菜種子。我說：「妳寄來的芋頭跟茄子有大有小，好好玩唷！」她回道：「我的菜外型不佳，每次跟別人的擺在一起都賣不完。」電話裡的聲音聽來比以前開朗多了。

她要我從東京帶點不要的碎布，讓她縫在褲子的膝蓋上補強。

我心想再多帶一點什麼好了，出門時便順道繞到百貨公司。在食材賣場走了三圈，就是沒看到什麼她可能會喜歡的東西。我在人群紛擾中，忽然間領悟了我這朋友的心志，原來她早就靠著自己的雙手去掙取一些比眼前亮麗的一切更實在、豐美的事物。

我跟石毛約在車站。一年不見的笑臉上多了些日曬的痕跡。我搭上她那台有點年紀的小貨車，先到超市。石毛是為了工作去超市，可不是去買東西。她抱著紙箱過去，她現在得挨家挨戶送蔬菜給四十戶客人。

「……我每天心裡想的就只有紙箱的事。」手上握著方向盤，表情認真得像個哲學家。

石毛還在東京的公司上班時，得傾聽別人的煩惱。當她看見生病的、頹惱的人一個個被踢出公司，心裡實在很痛苦。

石田　千（Ishida Sen）

1968年生，散文家。2001年以《大平交道路口的書店一二事》榮獲第一屆古本小說大賞。著有《月亮與甜麵包》（新潮文庫）、《樂看平交道》、《回到屋頂上》（筑摩書房）、《Bo Pen》（新潮社）、《房內》（角川書店）及新作《關店》（白水社）等。細膩的觀察及充滿敏銳感性的散文散發出獨特魅力。

光做不說的石毛後來開始在農地裡找到平靜心情的方法。她一邊記住農耕時曆、一邊跟在地人建立交情，就這麼靜待時機成熟。終於她將職場換到了陽光普照、清風吹拂的土地上，而太陽也變成了她的同事。

石毛每天清晨四點半起床，晚上九點就寢。她開始在網路上記錄工作日記，原本疏離到只寄賀年卡的朋友也因此重新熱絡了起來，今年夏天，當猴子軍團大鬧她的農地之後，她收到很多朋友的關懷鼓勵。「……這件事和可以睡午覺讓我好開心。」

小貨車在茅之岳的山腰上停了下來，我看見低矮的枯葉堆上躺著一匹豹。「嚇唬猴子用的。」原來是隻很大的玩偶。

穿著長靴的背影，熟悉的步伐讓我覺得好安心。柔軟的土地上覆蓋著銀杏、櫻樹跟栗樹的枯葉，鋪得鬆鬆沙沙。這一大堆滿滿的落葉可以為來年的土地帶來養分。

「附近的人通知我說那條路上有很多落葉。」我在白菜旁看見了蚱蜢跟蟋蟀，這些都是不用農藥跟化肥的證明。

「……那邊種了茖蔥唷。」我一聽，趕緊停步免得踩到。她卻反過來跟我道歉，歪著頭說：「不好意思，應該早點講的。」她總是細心地為別人著想。不過之前在東京時可能因為更體貼，而沒有事事說出口。

石毛以前習慣扮演傾聽者的角色，現在跟土地混熟之後，漸漸會聊起一些自己的事情。這種轉變看在擔心的朋友眼中真是再欣喜不過了。

黃色森林！我蹲下來看著染成深紅的蘿蔔葉。土地上，白菜一天天拔高。濃綠的葉片上，菜蟲認真咬出了成片蕾絲。這些全是悄悄告訴石毛如何跟生命來往，並不斷鼓舞她的的腳底下的智者。

南阿爾卑斯、甲斐駒岳、北岳。家裡所有窗戶都看得見山。陽台上，白蘿蔔、芋莖、柿子跟工作手套一起懸掛著。白天時，我們並立在灶台前把各種菜葉又燙又切。「生活其實還過得去，很不可思議。」她愜意地嚐了嚐味道，側臉可見她耳環依舊搖曳。石毛把菜準備好後，又看了看窗外。「今天天氣也很好耶，太棒了。」

大豆田在這時節已經枯索得乾茫一片，收成的大豆正準備製成味噌。忽然間，我發現朋友把珍貴的晴天保留給我一起度過。

無農藥蔬菜
連猴子和蚱蜢也養得壯碩健美

收集落葉、堆在田裡，是這季節的重要工作。

石毛跟石田正在田裡摘取嫩綠的長崎白菜來當成午餐的配菜。一個人把菜園的防護網披好其實是很費力的工作。

芝麻菜

自由地伸展枝梗，白色小花長得很像蘿蔔花。

白蘿蔔

頭部愈長愈遠離地面，因此出現一大段青綠，被叫做綠頭白蘿蔔。

大黃

帶點微酸的獨特滋味適合用來做果醬。

白菜

葉片剛捲起來時，顏色已然濃翠。

菠菜

小巧得讓人捨不得現在就收成的菠菜也是田裡的子民。

金澤綠蕪菁

幾乎整顆都蹦到土表上來了，好可愛。

小松菜

耐過寒冬的葉面被蟲啃蝕成了蕾絲片，這也是大自然的表情。

藍莓

擺在田地旁的幾個大盆裡，種著用來製作果醬的藍莓。

紅苔菜

葉梗呈紅色的中國種蔬菜。正開著黃色小花。

白花椰

收成後的白花椰菜叢。葉子還盎然地彰顯著存在感。

紅蘿蔔

我第一次看到葉子是紅色的紅蘿蔔。

長崎紅蕪菁

雖然葉子已經開始凋枯，但還是紅得那麼鮮明討喜。

用自家栽培的蔬菜做出來的午餐，吃了健康。

兩人站在廚房裡準備午餐。

石毛就住在這棟建築物的二樓一隅。陽台上曬著稻子和柿乾。

房裡桌上擺了一堆蔬菜栽培的相關書籍。她說柿子皮可以用來醃漬白菜。

吃著兩人一起做的午餐，時光緩緩流過。

前方順時鐘起，依序為蕪菁葉拌芝麻、韓式醋漬蘿蔔、長崎白菜佐芝麻、白蘿蔔混野芝麻菜沙拉、吻仔魚、醃紅蕪菁、馬鈴薯沙拉，正中央為鹹豬肉青菜湯。

連載　我的玩偶剪貼簿…②

巴塞隆納奧運的吉祥物

文—久保百合子
攝影—公文美和
翻譯—褚炫初

這幾年，出國老往西班牙跑。去看足球賽、早晚就窩在小酒吧吃吃喝喝。回國後，邊回想吃過的食物並嘗試自己動手做，就好像旅行還在持續般樂趣無窮。涉獵的西班牙菜色，也慢慢增加了。

有一天，在家飾店的圖文書櫃上，發現一本用英文寫的西班牙食譜，竟然是厚達七公分的精裝書。書名叫做《1080 Recipes》。料理的數量驚人當然不在話下，但更讓我怦然心動的，卻是幾乎每頁可見的可愛插畫。於是也不在乎重量，立刻買下。書中的食材、烹調道具、做菜的步驟，以及餐桌的擺飾等等，都以一種即興的調性呈現。就算看不懂英文，光是翻閱也趣味盎然。心裡思忖著如此讓人心情愉快的插畫不知出於誰筆下，翻到第一頁，就看到一隻似曾相識的狗狗。

結果我在 VINCON 買了輕巧的玩具狗。他的名字是 Julian。看起來睡得好香好舒服……。

插畫家的名字叫做馬里斯卡爾（Javier Mariscal），他不正是1992年巴塞隆納奧運吉祥物手機吊飾Cobi的作者嗎?這隻不曉得是狗還是什麼的玩偶，外形非常放鬆，作者隨手畫下，然後就被選上了。不知道為什麼，名字後面還加了一個「君」字（譯註：日本稱為Cobi君，君是小男生的意思），我到現在還記得他的名字，卻搞不清楚前陣子才剛落幕的奧運吉祥物是什麼樣子。

因為Cobi君，我對馬里斯卡爾的名字有了記憶。但要到很久以後，才知道他無論在平面或產品設計等領域都相當活躍，是西班牙極具代表性的設計師。

Cobi 君郵票是在西班牙買的。兩眼之間的三條線，是瀏海來著。

那段日子非常照顧我的資深造形師前輩N女士，把看來鈍鈍的銀色小狗擺飾，放在有自然採光、氣氛天然有機的寬闊洗臉台上，跟漱口杯擺在一起。質感好卻不著痕跡的品味，讓人心生嚮往。那隻小狗與《1080 Recipes》扉頁畫的書擋一模一樣，只有顏色不同。

位於巴塞隆納一間叫做VINCON的家飾店，至今依然販賣著馬里斯卡爾的週邊商品。我所嚮往的小狗也在那裡。到底要不要買曾讓我傷透腦筋，結果決定放棄。因為那重量可不只是《1080 Recipes》而已。我拿了玻璃瓶裝的醃紅椒等食材做為替代品。回到家以後打開馬里斯卡爾畫的食譜，走進廚房。西班牙的伴手禮，全都進了肚子裡。

這食譜聽說在西班牙已經賣了30年以上。2007年才推出馬里斯卡爾設計的英文版發售。
《1080 Recipes》
Simone and Inés Ortega著
Phaidon出版

留存在飛田和緒印象中的 7

伴手禮

文—飛田和緒　攝影—日置武晴　翻譯—褚炫初

蕎麥麵條

出生於新潟十日町的朋友每次送禮，一定是布乃利蕎麥麵。「我們鄉下根本沒什麼土產好送人的，不好意思，除了這家蕎麥麵條別無選擇。」那麵條被講得不過爾爾，結果一吃才知道真是過謙了，那可是我不曾嚐過的好滋味。

本來一直找不到喜歡的蕎麥麵條，所以才認為蕎麥麵非得要在店裡吃現做的。但這款蕎麥麵，卻讓我想在家煮來吃。也許因為在擀麵過程中，放了叫做布乃利的海藻來增加黏合度，所以吃起來不但滑溜，而且口感潤澤，非常過癮。煮好後用冷水沖麵條時，一濕潤的觸感經由指尖傳來，在放進嘴巴之前就知道這麵肯定好好吃。

台灣產的火烤冷凍鰻魚

有陣子鰻魚假造產地的話題被炒得很兇，我也因而心神忐忑。儘管在鬧上新聞以前，應該早就吃過假鰻魚了。即使如此，我還是好想、也好喜歡吃鰻魚！日有所思夜有所夢，果然心想事成。非常愛吃、懂吃的編輯給我捎來一份伴手禮。

這鰻魚來自台灣，飼養在管理嚴謹、連飼料都十分講究的養殖場。是編輯在進口商工作的友人送的禮物。收到這份烤過但沒有調味的冷凍鰻魚，魚肉厚實，很有分量，加熱之後，會滲出少許油脂。我把鰻魚切塊加上味醂和醬油，煮出甜中帶鹹的風味，兩三下就被家人掃個精光。由於忙著帶小孩無法輕易外出用餐，這兩份伴手禮真是深得我心。

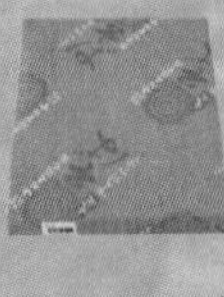

布乃利蕎麥麵
小嶋屋總本店
新潟縣十日町市中屋敷758-1
☎+81-25-768-3311（代表號）

台灣鰻魚
進口商　佳成食品有限公司
東京都千代田區內神田1-2-8　楠本大樓10樓
☎+81-3-5217-1181

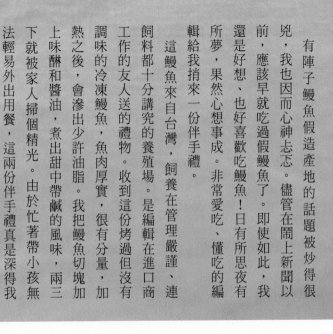

日日・人事物⑨

家戶平安大吉

金門的厭勝物風景

文—賴譽夫　攝影—吳美惠・賴譽夫

石獅仙姑位於邱良功母節孝坊下，為金門風獅爺之首。
石獅與石獅爺不同，此為金門唯一彩繪的石獅。

東珩聚落，金門最小的
石獅爺，約32公分。

所謂厭勝，意為「壓伏致勝」，具「避邪制煞」之功。在我們的生活環境裡四處可見，各種類樣的厭勝物被賦予的意義，反映出人們對於生活環境的不安與冀求。台灣作為一移民社會，多元的族群也將各自原發文化的厭勝物在此融合，並承傳異變出各種在地就宜的厭勝物。像是個人周身尋常可見的平安符、香火袋，房宅之上的山海鎮、八卦，聚落的石塔、安五營等等皆是。其中有些厭勝物極具地方代表性，像是台南安平的劍獅與憨番、澎湖的石敢當，而石獅爺（風獅爺）與白雞正是提起金門之時，最常被聯想到的人文風景。

提到金門就想起風獅爺

風獅爺文化的源起已無法考證，多數說法是大明帝國時期即有。金門每個聚落的風口多有公設的石獅爺（因質材關係，風獅爺多稱為「石獅爺」、「石獅公」）鎮風、祭煞、制蟻、破沖、驅晦，也成為該聚落的守

后水頭聚落石獅爺。

夏墅石獅爺。

金門最大尊的石獅爺位於安岐，高378公分。

中蘭石獅爺。

泗湖石獅爺，好像長了青春痘。

瓊林聚落北石獅爺。

瓊林聚落。
左／金門最大的嵌壁石獅，約75公分。
右／最小的約30公分。圖右為石敢當。

上／青岐民宅屋頂的騎獅瓦將軍。
左／青岐民宅屋頂的將軍爺；圖左方為趨吉避凶用意的「烘爐」。

護神。由於金門一年有近三季風向為東北，因此東半部的石獅數量較西半部要多。據查考村落石獅爺應是設於聚落四隅，但目前少有聚落四尊俱全，或許是年久頹圮了吧！

石獅爺的姿態多為立姿與蹲踞兩種，工法以石雕為多、泥塑次之。各聚落的石獅爺形象尊尊不同、各有特色，有雄壯威武的、有Q版像玩偶的、有像是多啦A夢的，相當有趣。近年風獅爺跳村之旅相當時興，旅人們搜找著各個聚落的風獅爺。走訪過程中常會在風獅爺口中發現糖果、銅板等物，偶爾也可能見到祭祀儀式，風獅爺已成為在地的民俗信仰與鄉土文化。

除了大家印象中聚落的公設石獅爺，另有立於屋頂及嵌塞牆壁內等兩種風獅爺。置於屋頂的，多數為俗稱「瓦將軍」的人偶騎獅像，亦作驅除惡邪家宅平安之用，而騎於獅背上的人偶較多的說法是蚩尤。上述三類在金門本島都很常見，小金門除了后頭聚落發現的石獅爺，則是以後兩者為主。

身上彈孔無數的歐厝石獅爺。

私設石獅，小徑聚落。

西園石獅爺（雌）。

西園石獅爺（雄）。

古崗石獅爺。

北山石獅爺。

上／青岐民宅屋頂的將軍爺（正面）。
右／（背面）。

上林將軍廟旁的石雕白雞。

黃厝的泥塑白雞。

東洲石獅爺。

山外石獅爺。

烈嶼的白雞文化

隨著烈嶼影像記錄者洪清漳老師的帶領與講述，我們踏上了小金門各個角落代表性白雞的探訪之路。

白雞文化的起源有幾個說法，其中之一的民間傳說正好述明其所含之意。話說古時小金門某農家世代勤奮，然因遇風害與蟻禍致使農作歉收、屋宅蟻噬。其時有一群狀似公雞的「神鳥」飛來，所到之處屋宇田地盡皆復歸原貌，農家因感念而塑白雞之像以為供奉。

海上島嶼除了強風又有白蟻之害，往昔木造主構的屋宇因而於鄰近空地塑作白雞，取其啄食白蟻之意，漸次各個聚落都塑了「公設」的白雞。傳統文化中公雞有迎接新日的光明象徵，更添增了白雞在民俗中具有某些超自然力量。由於勁風強襲，小金門的白雞嘴喙多迎向季風，乃又賦予了禦擋厲風的用意。隨著人們代代傳世，白雞成了具有鎮邪制風煞的厭勝物；而私家設於屋宅頂上的白雞則綜合有護宅保平安之意。

至於目前有許多人將白雞稱為風雞，洪老師說應是十多年前某次舞會活動，鄉公所以「風雞」作為參加主題，後續運動會又以風雞作為吉祥物，於是開始訛傳並與白雞文化相混淆。不少在地耆長與文史工作者都有恢復正名的期望。

旋繞小金門只要稍加留意，就會在廟或宗祠旁，聚落或道路邊、民宅屋頂上看見白雞的身影。許多因年代久遠已不成「雞」形，然而觀察祂們形體、材質，以及所在的位置，別有一番樂趣。

青岐民宅屋頂的泥塑白雞。

西方聚落民宅屋頂的陶瓷白雞。

九宮碼頭的銅塑白雞。

高厝村的百年白雞，土石掩埋數十年，近年重新出土。

山后民宅的八卦門環。
「囍」字字樣透漏此屋當初為新婚宅邸。

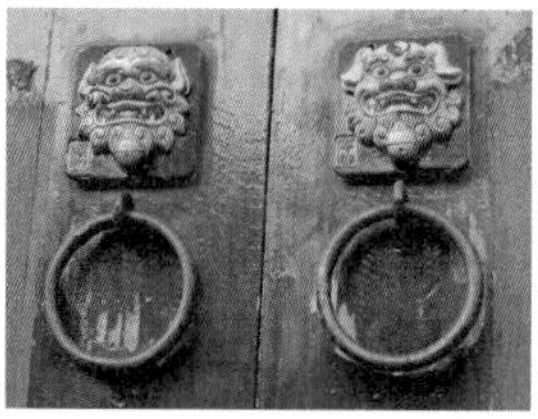

歐厝民宅的獅牌門環。

上／建於1387年的文台寶塔為一風水塔。
左／北山聚落的水尾塔，用以制煞水路。

葫蘆的「葫」與「福」諧音，取其福氣之吉意。

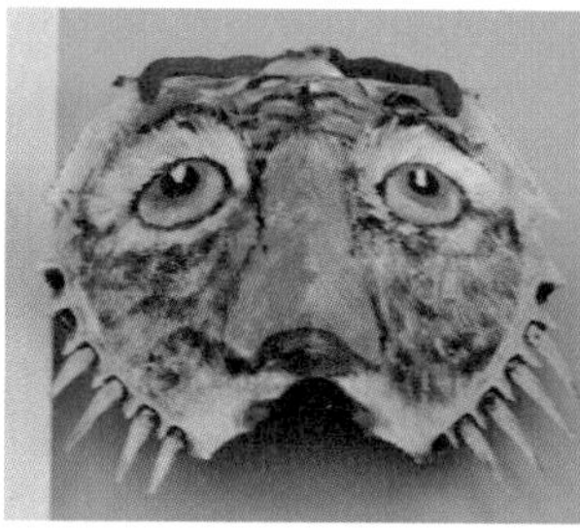

以鱟殼繪製虎面作為避邪之用。

更多資訊：
烈嶼觀察筆記 http://taconet.pixnet.net/blog

處處留心，增添探訪樂趣

金門地理位置雖然為各方交通融會之處，然獨懸海上亦有許多氣侯與自然等環境的艱貧對人們生活形成挑戰，除了最具代表性的石獅爺與白雞，厭勝物林林總總難以全數。

民居宅厝屋脊上常見的還有烘爐、寶塔、缽、葫蘆、八掛磚、砲彈等；門楣或山牆上則常有符令、仙人掌、刺球、鱟殼獸牌、獅頭碑、蒜頭、珠筆、犁頭等；門環則多出現八卦鑄造；牆堵嵌塞有石敢當、石獅、葫蘆；門埕外則豎有照壁以擋沖煞；聚落公設的則還有王爺角頭廟、五營軍將、北風爺、石佛、碑塔等。上述厭勝物很多在台灣也找得到，不過在造型、素材上則各有在地特性足以分別。

走遊金門，古厝、洋樓與聚落是很重要的探訪重點，預先理解相關事史民俗、留心週邊文化風景細節，將可領受更多的行旅樂趣。

特集

新年花

迎接新的一年，不管是新曆的新年或是農曆的新年，
除舊佈新之後，選擇充滿生氣的盆栽或花藝裝飾放在家裡，
高潔的梅、喜慶的菊、氣質的蘭、繽紛的綠意，
讓植物的生命力與美，
為新年的開始帶來歡慶的喜悅與幸福吧！

Special edition
Chinese New Year Flower

宛如日本年節料理的花禮

由嶺貴子老師設計的花禮，裝在精緻的木盒裡，宛如日本過新年時裝在盒子裡食用的年菜組合，各種迷你小巧的花卉和果實，繽紛可愛，蓋上蓋子、綁上日本象徵喜慶與祝福的紅白繩子（水引），就成了一個能帶給收禮人驚喜的花禮。即使自己擺在家中餐桌上，也是相當賞心悅目的餐桌佈置呢！

竹筒花設計、製作：嶺貴子

嶺貴子
Mine Takako

1976年生，NY School of Visual Art大學 視覺藝術系畢業後，曾在紐約的櫥窗設計公司研習。
曾在花店以及歐洲進口服飾雜貨店擔任採購。婚後成為花藝設計師，從事花藝佈置、花藝教室、服飾花藝搭配設計的工作。三年前移居台灣。現為花藝設計師。

Nettle Plants

位於生活道具店「赤峰28」一樓的花店。除了販售切花、乾燥花、各式花禮之外，不時也會開設花藝課程。相關開課內容請洽
contact@thexiaoqi.com
地址：台北市中山區赤峰街28-3號1樓
電話：02-2555-6969

材料：
• 小器桐箱　• 蓮蓬　• 雞冠花　• 海棠
• 火龍果　• 松果　• 青苔　• 康乃馨
• 木麻黃　• 莢迷果　• 壽松　• 綠乒乓菊
• 石蓮花　• 金棗　• 紅白繩子

❶ 在木盒裡鋪上防水紙、花泉（插花用海棉）。

❷ 將各種花卉平均分布插上，注意高度不要超過盒子邊緣。

❸ 果實類或莖較短的植物，可以穿鐵絲支撐。

❹ 最後將會看見花泉的縫隙用青苔補滿。

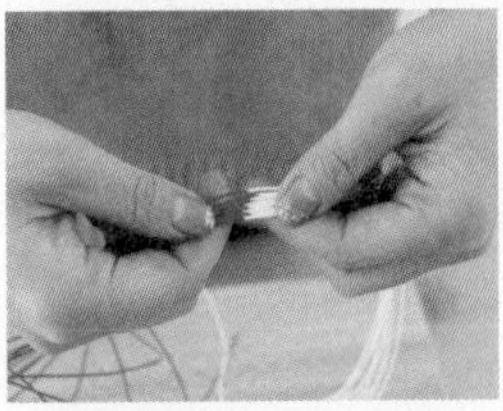

❺ 蓋上盒子後，用紅白繩子打結（注意繩子顏色中間要對齊）。

❻ 插上一小枝壽松和裝飾品即可。

　文—Frances　攝影—naname　花器提供—小器生活道具（02-2559-6852）

店家親自培植的苔球植物，只要保持青苔溼潤，就能擁有眼前的綠意，適合栽種新手。

長在苔球裡的竹子，迷你可愛。

新年前的花市人潮熙來攘往。

長壽梅的生長姿態各個不同，讓人玩味不已。

落葉開花的優雅

不同於我們一般在野外看到的梅樹，屬於溫帶落葉性灌木的長壽梅，可以種植在盆裡，當作盆景栽培。初冬時節就出現在花市裡販售，開花期正值舊曆年前後，照顧得宜甚至能開到初夏，加上它優雅的姿態，因此成為新年裝飾的應景植物。

在建國花市可以找到專業培植長壽梅的攤位，也許不需要什麼特別的裝飾，光是宛如豐滿果實的綠色花苞，姿態盎然的淡橘粉花朵，以及獨特的枝枒樣貌就能夠讓人欣賞上大半天了。

 文—Frances　攝影—王耀賢　協助拍攝—建國假日花市台北市農會攤位　沈木金

將花園濃縮成迷你版的組合盆栽

花市裡有各種的小盆栽，單一種植很可愛，但若將數盆組合在自己喜歡的花器裡，更顯得多采豐富。耐久、美麗的蘭花，在新年幾乎是裝飾花藝的主角，除了買切花回來插花，也可以挑選種在培養盆裡的蘭花，自行組合成熱鬧的迷你花園。

林連素珍

德國花協（FDF）與工商總會（IHK）Master Florist考試通過（歐盟認證），專業歐式花藝老師。
現任行政院勞委會技能競賽花藝職類裁判團成員，中華花藝研究推廣基金會花藝教授及北區副執行長。

材料：
• 公長齋小菅竹編玻璃花器 • 蘭花
• 白紋蘭 • 細葉芙蓉 • 長春藤
• 樹枝 • 青苔 • 發泡煉石

❶ 將盆栽脫盆。

❷ 花器裡放入發泡煉石（可吸附多餘水分）。

❸ 剝落盆栽底部的舊土，用青苔包覆，再用細麻繩捆綁固定。

❹ 將盆栽放入花器裡。

❺ 調整各植物的方向，有空隙的地方再用青苔填補。

文—Frances　攝影—王耀賢　花器提供—小器生活道具（02-2559-6852）
協助拍攝—台北花木批發市場．花痴屋D4D5（臺北市文山區興隆路1段15號）

春

料理家米澤亞衣的私房食譜⓫

義大利日日家常菜

這道義大利麵雖然材料跟作法都很簡單，但不知道為什麼卻很有層次。其實祕訣就在於其中有著滿滿的名為「用心」的調味料。米澤亞衣做菜的時候總是那麼細膩而溫柔，讓我看了心神嚮往。

料理・造型—米澤亞衣
攝影—日置武晴　翻譯—蘇文淑

在優雅的橄欖樹林環抱的宅邸內，只有那巧緻的廚房稍微不讓人覺得高不可攀。跟卡洛兩個人圍坐在餐桌前的時間對我而言，有點特別。如果有其他客人在，卡洛會把打獵帶回來的鵪鶉、鴿子、山豬跟他用心養育、自豪的豬入菜款待，可是讓我印象最深刻的菜色卻是那晚我們倆人獨處時，他隨興而做的義大利麵。這件事也莫名讓我感到寬心。

■材料（4人份）

短麵條（通心粉或筆管麵均可）	320g
新洋蔥或紅洋蔥（中型4顆）約	1kg
特級初榨橄欖油	1杯
辣椒	適量
水煮番茄	400g
粗鹽	適量

洋蔥切片，不要切得太薄。辣椒連籽一起切碎。在炒鍋或湯鍋裡倒入特級初榨橄欖油、洋蔥、辣椒碎後，轉開中火過油。接著蓋上鍋蓋、轉小火，悶煮半小時左右。途中偶爾攪拌，讓洋蔥煮到透明軟爛。

打開鍋蓋、撒粗鹽、倒入搗碎的番茄，轉中火煮到收汁。

麵條要煮得比彈牙還稍微硬一點，煮好後濾乾水分，倒入醬汁鍋中。

開中火，仔細攪拌均勻，撒鹽調味即可。

Pasta con Cipolla
洋蔥義大利麵

桃居・廣瀨一郎 此刻的關注⑭

探訪 長峰菜穗子的工作室

深受歐洲古董器皿吸引的長峰菜穗子，每天接受著新的刺激下邊創作陶藝。就讓我們一探她位於埼玉坂戶，三名從事創作的女性作家共用的工作室。

文—草苅敦子　攝影—日置武晴　翻譯—王淑儀

東武東上線的電車不時經過而引發的聲響，會突然打斷我們的對話。每次都讓我聯想起這間工作室的名字：鐵道旁工作室。這是一間由陶藝家長峰菜穗子與鐵器創作者柴崎智香，及現在正在海外留學的和紙創作者森田千晶，這三名女性創作者共同使用的工作室。它的名字就如其名，隔著簡單的柵欄，旁邊就是兩條鐵道了。

工作室深處的玻璃櫃裡，自己的作品與帶來靈感的古董器皿越過了時光的隔閡，彼此為鄰而居。

她們三人是高中或大學時代的同學，彼此認識已超過十年。儘管各自創作著不同的東西，但對作品都一樣有著極高要求的三人，自然而然地聚在一起，於2003年開設了這間鐵道旁工作室。

這裡原本是間兩代同居的平房，現由長峰菜穗子與柴崎智香各使用一半的空間做為工作室之用。兩人使用的空間各約八坪，內部裝修幾乎都是靠自己或是家人幫忙。打掉牆壁、天花板粉刷，利用櫃子來做隔間。別人不要的舊家具到燒柴的暖爐都是她們自己動手整理，擺進煥然一新的工作室裡。

工作室前面也建造一座長峰菜穗子用的瓦斯窯，採訪當天她正在為即將到來的個展做準備，窯中、周邊都擺滿了作品。這個工作室的房東是森田千晶的老家，因為是瓦斯行，所以當初在建這座瓦斯窯時提供了很多的協助。

「這個玻璃櫃是從以前經營玩具店的奶奶那裡搬來的；爐子、椅子是附近的木工幫我們做的；做為牆壁的櫃子則是已經關門的二手書店給我們的……」工作室的內外都能感

坐在入口處轆轤前拉坯的長峰菜穗子。看得出工作室經常使用，並整理得很乾淨。

天氣好的時候，坐在這裡跟朋友喝茶聊天，正在庭院桌子前聊著天的長峰菜穗子與廣瀨一郎。電車通過的數秒之間，背景會短暫地改變。

受到支持著她們的許多人所給予的溫暖。

「長峰菜穗子真的很有勇氣呢！」在談話中，廣瀨一郎好幾次有感而發。看上去是一名皮膚白晰、外表纖細柔弱、感覺很低調的女子，聊起來才發現她其實是個行動派。

長峰菜穗子出生在一個經營西式糕點的家庭裡。「你創作的原點，是不是受到家裡的影響呢？」

「應該是吧，陶藝與做糕點不也有些共通之處？看到家裡做點心，下意識裡就覺得將來有一天，我也要成為一個做出某樣東西的人，這種想法很早以前就有了。」

少女時代開始就喜歡畫畫，大學去念了美術大學，那時還沒找到很明確想要做的事情，只是很偶然地研習了陶瓷器，每天乖乖地去上課，直到畢業前才決定今後要繼續作陶，於是畢業後選擇到笠間的陶廠去修習、累積經驗，同時也去窯業指導所上課，研究色釉。從那裡學成之後，就參加青年海外志工隊，到菲律賓去做陶藝指導員。

「我是在菲律賓學會練土，反而是自己在那裡學到很多事呢！」

回國後，長峰菜穗子開始創作，卻因一心想要「確立自己獨一無二的風格」而感到焦慮。

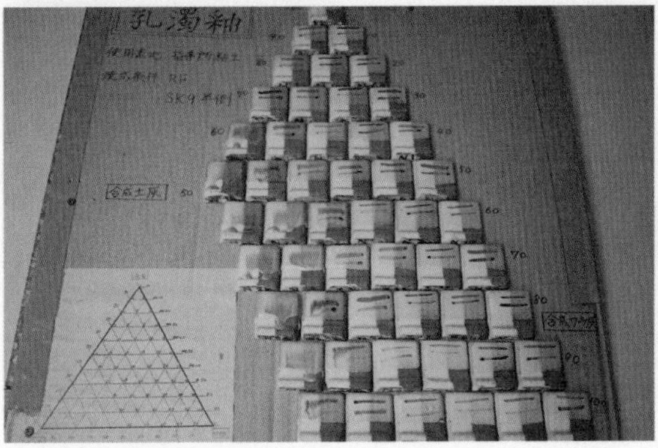

窯場的牆壁上掛著金字塔狀的試樣表。是在窯業指導所時代製作的，是燒製過程與使用釉藥的重要參考資料。

同是創作家的好朋友所做的玻璃窗，跟工作室的氛圍很搭。

長峰菜穗子

1974年生於埼玉縣。自武藏野美術大學工藝工業設計科畢業後，在笠間的窯場習業一邊於窯業指導所的釉藥研究科上課。2000年參加青年海外志工隊，到菲律賓做陶藝指導員，回國後開始創作。2003年於鐵道旁參加築窯。多次舉辦個展或於作品展覽會。

工作室的風景加上老舊的器物、家具等，古物之間，彼此自然而然地交融。

「但是勉強做出來的原創作品，對觀賞的人來說，總覺得哪裡不對勁。」

如同廣瀨一郎所說的，那幾年一直看不到確切擁有她自有風格的作品。

轉機在於後來遇到了古道具等「老舊的東西」。她很愛骨董市集或古道具店裡的歐洲金屬器具或是烤蛋糕用的模型等，立刻模仿這些器物來製作陶瓷器。

「突然感到豁然開朗，心情就好像自己從未發現的優點被挖了出來。」

造型像是優雅裙襬的器皿或是蛋糕模型的小盤子，光看就讓人心情愉悅。這不常見的蛋糕模型是在古道具店或合羽橋挖到的寶，原本是金屬製的工業設計產品，拿來為石膏塑型後做出模具，再以手工壓入陶土翻製成形。如此一來，就能為器皿拉出柔和的線條，增添更多的手感溫度。

長峰菜穗子製作的器皿基本上為黑與白兩色。白色為半瓷器，保留了陶土的溫暖；黑色則是瓷器施以含銅的釉藥，營造出金屬般的觸感。

「今後的重點將在釉藥的使用與燒製的技巧上。」邂逅了古道具，為長峰菜穗子確定了「形狀」的大方向。但她仍有強烈的意志與熱情要更進一步的研究、提升自己，她今後的進步與發展令人期待。

悠然自得的設計溫柔地包覆著帶有暖意的器皿

文—廣瀨一郎　翻譯—王淑儀

從未見過的形狀、不曾接觸過的材質、出人意表的顏色搭配。這樣新鮮的器物一個接一個登場，認識它們的時候雖然很有趣，然而一味追求新的設計，總是讓人感到疲憊，也許我們需要的是沒有署名某某設計師之作、經過長時間慢慢熟成的設計才有的悠然自得。長峰菜穗子在歐洲古董盤上找到這項要素。

■直徑280×高35㎜

這應該原本是要大量生產的形狀吧！乍看是線條俐落、冷靜的器皿，但一個個藉由手工仔細製作，變得沉穩、溫暖、靜謐。保有西式器皿特有的理性、不拖泥帶水的形態，又包覆著日式道具特有的溫潤質感，是可以感受到長峰菜穗子不受時代、地域的拘束，自由地將「讓人開心的要素」這樣的意念融入其中的作品。

■右起
（花形1　黑・白）直徑55×高30
（花形2　黑・白）直徑60×高30
（葉子形）100×45×高10
（馬德蓮形）75×55×高17
（三角形）60×60×高16
（菱形　黑・白）85×55×高13

桃居
東京都港區西麻布2-25-31
☎+81-3-3797-4494
週日、週一、例假日公休
http://www.toukyo.com/
廣瀨一郎以個人審美觀選出當代創作者的作品，寬敞的店內空間讓展示品更顯出眾。

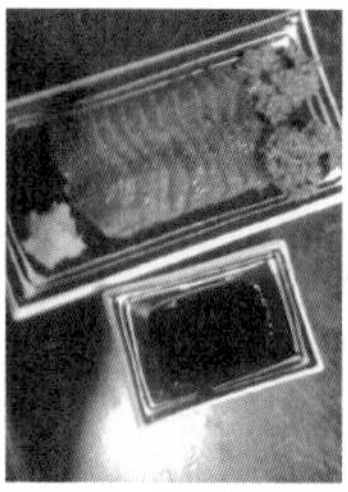
生馬肉

甜點

公文美和的攝影日記❼

美味日日

西班牙料理店

薔薇上的霜

拍攝可愛
老太太之前

早餐

伴手禮的點心

超酸的飲料

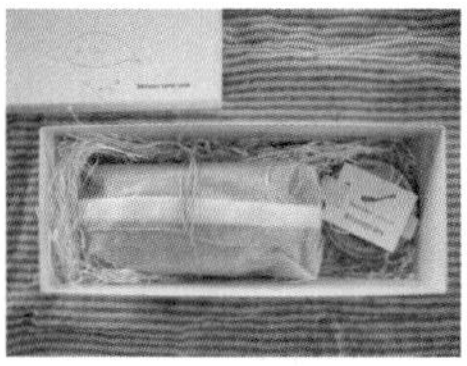
禮物

訂購的

西洋菜田
（watercress）

可愛的餐巾紙

蘋果樹

喝茶時間

島琉璃子個展

文旦

拍完煎餃後

用香檳來乾杯

藥草也變紅了？

鐮倉

小青蛙的蜂蜜蛋糕

油炸食物

卡蘇雷（cassoulet）之一。（註：法國料理之豆子燜肉）

垂掛小鳥

拍攝中

巴黎的伴手禮

生牛奶糖

高橋風格的雪見鍋。（註：使用大量蘿蔔泥的火鍋）

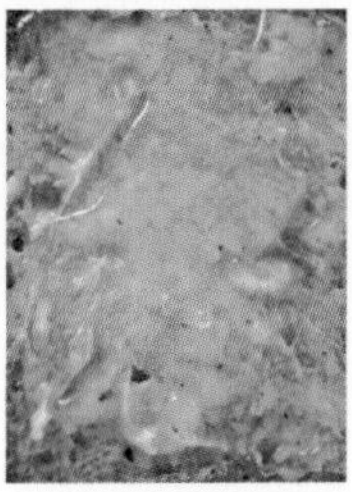
土司

散步

法式鹹可麗餅（galette）料理中

拍攝後享用

醃漬鮪魚

義式聖誕麵包（panettone）

《日々》拍攝後

法式鹹可麗餅料理中

炸牡蠣蓋飯

下北澤的七草料理店

收到的名片夾

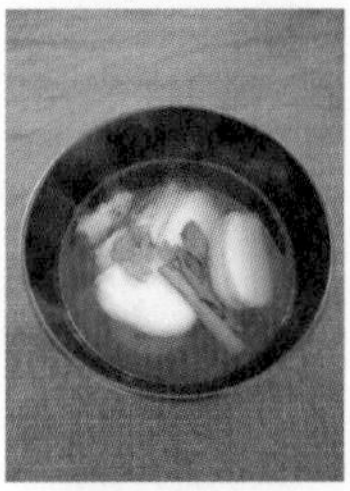
2009的年糕湯

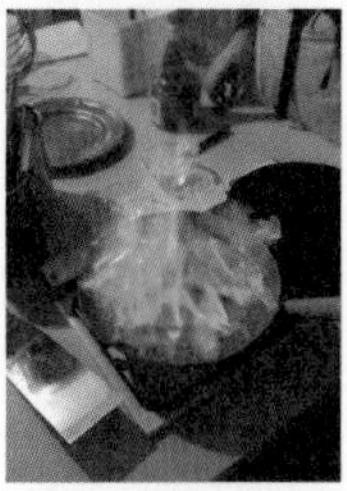
法式鹹可麗餅料理中

單純的美味

金柑、黑豆、柿乾

鍋墊

2009新年的裝扮

法式鹹可麗餅料理中

水果

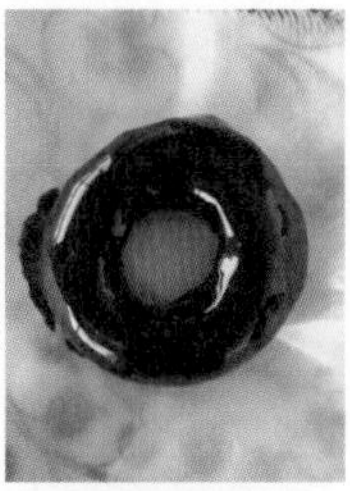
甜甜圈拍攝中

宴會

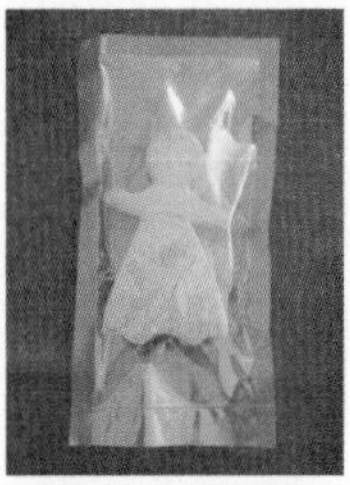
ACOT的餅乾

法式鹹可麗餅完成

宴會

威斯特（West）的餅乾。（註：銀座的西式點心店）

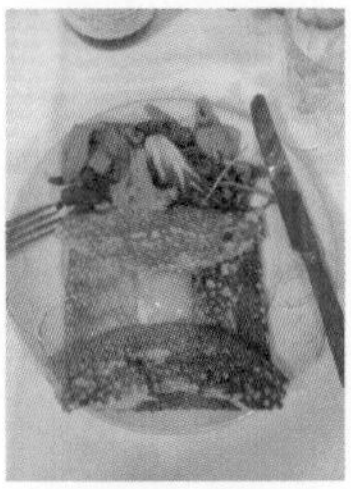
法式鹹可麗餅

核桃

釀造十年

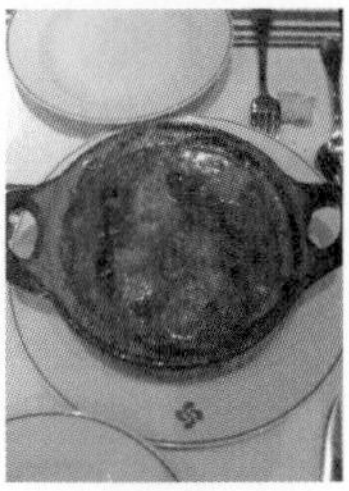
卡蘇雷之二

連載　美味創造者❶

懷念的青春滋味
群林堂 豆大福

文—高橋良枝　攝影—廣瀨貴子
翻譯—蘇文淑

左起為第三代老闆池田利夫、第二代老闆池田正一與太太敦美。

群林堂
東京都文京區音羽2-1-2　☎+81-3-3941-8281
營9:30~15:00（售完為止）休週日

40多年前，我曾經在跟群林堂隔著馬路音羽通相望的出版社工作。那時地下鐵還沒有經過音羽，很不方便，我們把那裡戲稱為「音羽村」。

那時群林堂也還是棟兩層樓的木造建築，就跟隨處可見的和菓子店一樣。

我們編輯部裡多的是年輕女孩子，有時休息時間一到，立刻有人吆喝：「要不要叫群林堂送點心來？」請他們送過來。負責外送的是跟我同年代、當時還在甜點學校就讀的現任當家池田正一。

群林堂從某個時間點起變得非常熱門，那叫人懷念的豆大福愈來愈難買了。感覺上好像是從小認識的玩伴一夕間變成了難以近身的大明星一樣，又開心又寂寞，有點兒五味雜陳。

說到群林堂的豆大福，最迷人的就是那從以前維持至今的簡樸滋味。包著飽滿餡料的麻糬皮擀到薄得不能再薄，讓麻糬皮外露出幾顆鹹得恰到好處的紅豌豆。

我吃過不少名店的豆大福，不過對我來說，豆大福就唯有群林堂。

「我們的紅豆用的是北海道的紅豆、紅豌豆也是北海道的富良野生產，麻糬皮用的是東北的糯米，全部都是國產品，很重視原料。」

池田先生一心不二地把他父親流傳下來的味道給承繼下去。下午3點一到，群林堂的豆大福就賣完了，若以一般營利的角度來看，一定會想提高產量，可是跟池田先生一路相互扶持的太太敦美說：「沒辦法啦，我們是家庭手工業，又堅持無添加，早上4點開始做也做不出更多餡料了。」

賣著豆大福的店頭後方，第三代傳人池田利夫已經在蒸汽騰騰的鍋子前賣力準備起明天的紅豆餡。

群林堂創業於1916年，由池田正一的父親池田長壽郎在小石川製作求肥*供應給咖啡館跟百貨公司起家。1920年代末搬到現在的音羽，開店做生意。

「我是甜點學校出身的，所以那時候我們也賣西點，不過父親走後，我就一心一意專注在和菓子上了。」所以那時候的包裝紙上還印有「蛋糕」的字樣。我記得那些復古的包裝紙上，的確還有「和洋菓子」等字眼。

現在紅豆等豆類原物料統統飆漲，群林堂的豆大福卻在這種情況下依然維持140日圓再外加消費稅的優惠價格，實在太超值了！「只漲一點點其實賺不了什麼錢，還不如努力維持原價。不過有時候紅豆漲得太離譜，一整年的經營就虧本了。」

微鹹的紅豌豆跟甘甜的內餡真讓人忍不住！我最喜歡簡單的豆大福了！

＊譯註：一種添加大量砂糖而非常柔軟的麻糬皮，最早因添加紅糖而似鞣過的牛皮顏色，於是被叫做「牛皮」。後因佛教思想避諱殺生，改成了同音異字的「求肥」。

日日歡喜 ⑭
「花器」

為生活添加繽紛色彩的各種花朵，
除了花的種類，用來加水、插花的器物，
也有豐富的變化。
《日々》的夥伴們都插什麼樣的花呢？

攝影—公文美和　翻譯—王筱玲

④　③　②　①

③ 高橋良枝
（編輯）
小花瓶

在不知不覺間，手邊的花瓶增加到了20個之多，因為主角是花朵，所以我收集的大多是設計和顏色都很簡單的花器。以前我喜歡在誇張的花瓶裡插上大量的櫻花或有姿態的樹枝等植物，最近則變得比較喜歡在小小的花瓶裡插上一、兩枝野花，或是像茶花那樣感覺。右邊是高仲健一的作品，左邊是伊藤環所作。

① 吉田佳代
（寫作者）
大理石紋的玻璃花器

這是充滿懷舊氣氛的大理石紋花器。因為喜歡它有點義大利品牌Missoni式的感覺，或許這是我喜歡花紋圖樣的起點。這個花瓶是祖父的收藏，傳給母親之後再交給我。我覺得花器是讓花生存的物品，就算只是擺著也要是很棒的裝飾品，但這個花器好像具備兩者又好像沒有……。現在是隨意擺在玄關。

④ 飛田和緒
（料理家）
安藤雅信的一輪插

以前覺得器物要長期使用才有生命，但最近覺得偶爾看看的也是好東西。很久以前買下的安藤雅信的一輪插（譯註：用來插一、兩枝花的花器），其實一次也沒用過。早在十幾年前就抱著要住在適合使用這個花器的房子裡的想法，現在靠海邊、被自然與天空圍繞的家，從來沒用花來裝飾過。我想，總有一天會用上它。

② 久保百合子
（造型師）
西班牙製的陶器

這個花瓶看起來好像是老東西，但其實這種舊舊的感覺是加工出來的。前年搬家之後立刻在青山的西洋民藝品店「Granpie」買下。放在新房子裡新買的櫥櫃上面，散發出一種獨特的風格，讓人充滿安心感。我非常喜歡它高度與瓶口大小很均衡，不管是插入氣派的花或是清純的花，甚至是綠色枝葉、紅色果實，好像都很適合。

⑥ 吉田耕治
（小路苑花店店主）
ASTIER de VILLATTE的花器

這是阿斯提耶德拉特（ASTIER de VILLATTE）的店長說：「我們進了你應該會喜歡的東西」並拿給我看的花器。因為我一直在找黑色的花器，便毫不猶豫就買下了。阿斯提耶德拉特的陶器全部都是手工製作，我喜歡它有著歪斜之處，以及每一件作品呈現的小差異。雖然用來插豪華氣派的花藝作品很美麗，但我也喜歡單獨插入葉材和果實的感覺。

⑦ 公文美和
（攝影師）
玻璃花瓶

對我來說，選花瓶很難，總是會不知所措，但曾幾何時，竟變成手邊擁有的花器幾乎都是玻璃製的情況。這個色調稍微有點暗沉、深邃的花瓶，和植物的綠非常相配，是五年前在「CONRAN SHOP」買到的。現在為了增加有和風感的花器而努力摸索中，但在這之前可能要先多學習關於花的事情吧！

⑤ 米澤亞衣
（料理家）
義大利的壺

我喜歡廚房有著花和水果的景致。這個曾是用來保存橄欖油的壺，它的外觀因為油所染出的色澤，構成了恰到好處的漸層色。在義大利半島的前端，發現這個與小鎮的教會、房子有著相同顏色的壺時，雖然有瞬間的猶豫是否要將它帶回去，但現在它就在我的廚房窗邊，就算是插著已經枯萎的野薔薇，看起來也不差。

鹿兒島睦 in 台灣

記錄・攝影—naname　整理—Frances

和料理會負責人高橋良子互相介紹時的逗趣模樣。

在日本深受歡迎的陶藝家鹿兒島睦，
因為與小器店主的緣分，
促成他在2013年5月第一次造訪台灣，
並與日本料理設計家高橋良子合作一場器物與食物結合的料理見面會。

在還沒有見過鹿兒島睦之前，
因為作品帶給人的溫暖，
讓人擅自想像他是位慈眉善目的老爺爺。
但初次見面時確實有小小吃驚：
「他看起來像是位設計師啊！」
其實在成為陶藝家前，他確實是從事室內設計的工作。
開展那天簽完名的鹿兒島睦說要離開一下，
他穿著西裝、披掛著針織外套、手間夾著筆記本的背影讓我印象好深刻，
是個相當有魅力的大叔呢！

私底下的鹿兒島睦似乎有不一樣的一面，
提著法式甜點當作伴手禮，笑著說「這是我最喜歡的點心之一喔！」
喜歡吃甜食、喜歡小動物，也喜歡花花草草，
常常不小心就在自家花園裡待上大半天，
難怪他的太太會說他是家裡的少女。
也許正是有這樣纖細的心，
他的作品不管是在動物或花卉的繪製，
甚至拿起來的手感、重量感都這麼地恰到好處。
將他的作品拿在手中的時候，
就不難理解有人會為了他在台北的展覽特地從日本飛到台灣來了。

photo_34號

專注認真地製作
料理會的菜單。

精心設計的菜餚擺在鹿兒島睦製作的盤子上更顯美味可口。

鹿兒島睦

1967年生於福岡。美術大學畢業後，任職於傢飾店。2002年開始在福岡市內的工作室創作陶藝。除了陶器，也有紡織品與版畫等商品。
http://www.makotokagoshima.com/

鹿兒島睦相關商品請洽
小器生活道具（02-2559-6852）。

四種顏色的大托特包是鹿兒島睦特地
為小器生活道具設計的獨家商品。

台北展覽會的陳列。

展覽會也帶來了各種造型的陶藝裝飾品。

各色手巾。

為+g展覽特地繪製的紙袋圖樣。

鹿兒島睦製作的盤子。

photo_34號

34號的生活隨筆❺

種植的喜悅

圖．文—34號

方便烹飪使用而栽種的九層塔、蘿勒和辣椒，陸陸續續地開著小花，為了讓植栽能繼續生長，所以必須摘心、摘花，因此而剪下的九層塔花卻捨不得丟棄，遂插在古老的小藥瓶中，背著窗外夕照，清晰看出細微的花蕊。

因為住在市區公寓，僅有不是太大的花台讓我滿足小小的栽種想望，也沒有刻意在花台上種開花植物，但卻因為季節更迭、大自然開花結果的天性，意外因為香草植物開花而擁有花兒綻放的喜悅。收成的喜悅，應該就是就算空間再小，我也盡量想種些什麼的原因之一吧！

小小的花台上幾乎都是烹飪常用的香草植物：蘿勒、九層塔、辣椒、薄荷、百里香、迷迭香、馬鞭草，以及扁葉與捲葉的巴西利等。只要充足的全日照、早晚別偷懶的澆灌大量清水，這幾種植物都會毫不客氣地長得又多又好地給予回饋。這也是大自然的奇妙之處，捨不得拔取，僅僅只是養著，卻不如盡量地用、盡量地摘取，而越生越多。既然種了就別辜負植物們；迷迭香用在中式料理的爆香也別有風味喔！辣椒一次收成太多，冷凍起來可以保存數個月之久；晚餐後折下幾段百里香、薄荷，與幾片馬鞭草，滾熱的水沖下，瞬間新鮮的香氛撲鼻而來，一壺充滿植物精油的香草茶去油解膩也舒心暢脾。

青蔥留下底部蔥白連著鬚根的部分，插水將根養長，再移到盆裡種植，小家庭用量並不太大的蔥，從此可以自給自足了。還有一次因為可惜發芽的地瓜丟進土裡，沒想到過了一季，竟在盆裡生出一串小地瓜，這是我的小花台最驚喜的一次預料外的收成。

剛結束的夏天，第一次嘗試除了香草植物外的種植，兩盆不到一公尺高的無花果，在夏日炙陽、乾熱的天氣下讓我們收成了十多顆果實。沒有想到竟能在家裡種出原屬於地中海的甜美，於是這個夏天早起開窗摘下新鮮轉紅的無花果，珍惜地切片放在自製優格上，成了小花台另一個嶄新的紀錄。

Makoto
Kagoshima
Exhibition
2014

鹿　児　島　睦
の　図　案　展

會期 3.15sat → 3.30sun

會場 xiaoqi+g　台北市赤峰街17巷4號　02-2559-9260

日々・日文版 no.15

編輯・發行人——高橋良枝
設計——渡部浩美
發行所——株式會社Atelier Vie
http：//www.iihibi.com/
E-mail：info@iihibi.com
發行日——no.15：2009年3月1日

日日・中文版 no.10

主編——王筱玲
大藝出版主編——賴譽夫
大藝出版副主編——王淑儀
設計・排版——黃淑華
發行人——江明玉
發行所——大鴻藝術股份有限公司｜大藝出版事業部
台北市103大同區鄭州路87號11樓之2
電話：（02）2559-0510　傳真：（02）2559-0508
E-mail：service@abigart.com
總經銷：高寶書版集團
台北市114內湖區洲子街88號3F
電話：（02）2799-2788　傳真：（02）2799-0909
印刷：韋懋實業有限公司

發行日——2014年2月初版一刷
ISBN 978-986-90240-1-3

日日 / 日日編輯部編著. -- 初版. -- 臺北市 ：
大鴻藝術, 2014.02　50面；19×26公分
ISBN 978-986-90240-1-3（第10冊：平裝）
1.商品 2.臺灣 3.日本
496.1　　　　101018664

日文版後記

去拜訪石毛惠美的農田是在初冬的時候。看見散文家石田千與石毛兩人久別重逢、並肩拔蔬菜的樣子，有種窺探成熟大人的沉穩卻溫暖的友情之感。

我們前往伊賀上野的旅行是從名古屋開始的，搭快速電車在三重縣的「津」這個地方換搭關西本線，電車變成兩節車廂的一人電車（只有駕駛的電車）；然後接著在「龜山」換車，這次便成了只有一節車廂的一人電車了。前往「gallery yamahon」的旅行，簡直就是電車的樣本大集合了。在雪景中，電車發出「轟隆匡啷」的聲音穿過途中的隘口。正想著，在哪裡聽過的令人懷念的聲音吶！原來是和小時候經常搭的箱根登山電車的聲音一樣。

透過採訪，認識了很棒的人，這是在人生的寶物增加中，品嚐幸福的日日。（高橋）

中文版後記

走到第10期，對我們來講算是個里程碑。雖然一開始就打定主意，無論如何，一定要把日本出過的都一直出下去，這樣的打算；但每期每期如此驚險地做，驚險地賣，還是讓人忍不住稍稍有那麼一點緊張感。這幾年食品安全受到很多的關注，周遭許多朋友開始在選擇食材時，盡量挑選有機或者無毒的農產品，乍看到這特集時，會想說，哇，非常符合時事議題，但仔細一想，這期可是四、五年前在日本所發行的過刊號了，《日々》常常讓我有這樣的驚喜。

創刊時，想要做訂閱，那老實說那時候的不確定性，讓我們也遲遲未敢踏出這樣的腳步。既然到第10期了，我們也算有了一些承諾的勇氣，決定開始讀者訂閱服務，細節可以洽小器相關店鋪。（江明玉）

大藝出版Facebook粉絲頁http：//www.facebook.com/abigartpress
日日Facebook粉絲頁 https：//www.facebook.com/hibi2012